BEI GRIN MACHT SICH IHR WISSEN BEZAHLT

- Wir veröffentlichen Ihre Hausarbeit, Bachelor- und Masterarbeit

- Ihr eigenes eBook und Buch - weltweit in allen wichtigen Shops

- Verdienen Sie an jedem Verkauf

Jetzt bei www.GRIN.com hochladen und kostenlos publizieren

Bibliografische Information der Deutschen Nationalbibliothek:

Die Deutsche Bibliothek verzeichnet diese Publikation in der Deutschen National-bibliografie; detaillierte bibliografische Daten sind im Internet über http://dnb.d-nb.de/ abrufbar.

Impressum:

Copyright © 2019 GRIN Verlag
Druck und Bindung: Books on Demand GmbH, Norderstedt Germany
ISBN: 9783668996458

Dieses Buch bei GRIN:

https://www.grin.com/document/493863

Sascha Gronau

Einführung in die Fuzzy Mengenlehre

GRIN Verlag

Assignment

Fuzzy Mengenlehre
Einführung in die Fuzzy Mengenlehre

Modul: SYD81 - Systemdesign

Vorname, Name: Gronau, Sascha

AKAD-Studiengang: Wirtschaftsingenieuerwesen - Master of Engineering

Olten, 24.06.2019

Inhaltsverzeichnis

Inhaltsverzeichnis I

Tabellenverzeichnis II

1 Einleitung 1

    1.1 Problemstellung 1

    1.2 Ziel dieser Arbeit 1

    1.3 Aufbau der Arbeit... 1

2 Grundlagen 2

    2.1 Klassische Mengenlehre 2

    2.2 Fuzzy-Mengenlehre 4

3 Möglichkeiten der Fuzzy-Mengenlehre 7

    3.1 Basis für die Anwendung der Operationen....................................... 7

    3.2 Operationen in der Fuzzy-Mengenlehre... 9

4 Praktische Anwendung der Fuzzy-Mengenlehre...................................... 12

5 Fazit 13

    5.1 Ausblick.. 13

Literaturverzeichnis III

Tabellenverzeichnis

Tabelle 1: Symbolverzeichnis 7

Tabelle 2: Aussagenlogik der Mengenlehre 8

1 Einleitung

1.1 Problemstellung

In diesem Assignment geht es um die Fuzzy-Mengenlehre. Es wird dargestellt, auf welche Grundlagen die Fuzzy-Mengenlehre beruht und wie sie praktisch angewandt werden kann. Dabei wird auf das Problem eingegangen, in wie weit die Fuzzy-Mengenlehre im Alltag bzw. in der Wissenschaft mithilfe von Expertensystemen genutzt wird und wie sie zudem umgesetzt werden kann.

1.2 Ziel dieser Arbeit

Das Ziel dieser Arbeit soll es sein, einen Einblick in das Thema der Fuzzy-Mengenlehre zu gewinnen. Des Weiteren sollen anhand von Expertensystemen beispielhaft dargestellt werden, dass diese Methodik im Alltag Anwendung findet.

1.3 Aufbau der Arbeit

Kapitel 1 stellt die Einleitung dar. Im Kapitel 2 werden die Grundlagen in Form von Definitionen der klassischen Mengenlehre sowie eine kompakte Definition der Fuzzy-Mengenlehre dargestellt. Anschließend werden im Kapitel 3 die Möglichkeiten der Fuzzy-Mengenlehre beschrieben. Darauf aufbauend folgt das Kapitel 4, welchen den Praxisbezug dargestellt. Innerhalb des Kapitel 5 folgt das Fazit sowie ein kurzer Ausblick in die Zukunft.

<u>2 Grundlagen</u>

Die Fuzzy-Mengenlehre beruht auf den Grundlagen der klassischen Mengenlehre, somit wird innerhalb dieser wissenschaftlichen Arbeit bzw. in den Grundlagen kompakt die Basis der Entstehung der Mengenlehre beschrieben, um in einem weiteren Abschnitt auf die Fuzzy-Mengenlehre einzugehen. Das Ziel ist es, durch die Erörterung von der "Entstehung der Mengenlehre" als auch der "Fuzzy-Mengenlehre" ein Gerüst für die weiterführenden Kapitel aufzubauen.

<u>2.1 Entstehung der Mengenlehre</u>

Die Mengenlehre wurde im letzten Viertel des 19. Jahrhunderts von Georg Cantor (1845-1918) entwickelt. Entgegen vorherrschenden Dogmen über den Umgang mit unendlichen, „fertigen" Gesamtheiten, schuf er in einem gewaltigen Kraftakt die transfiniten Zahlen und das Konzept der Mächtigkeit oder Größe einer unendlichen Menge.[1]

Dabei definierte er den Begriff Menge wie folgt:

*"Eine **Menge** ist eine **Zusammenfassung** bestimmter, wohlunterschiedener **Objekte** unserer Anschauung oder unseres Denkens - welche die **Elemente** der Menge genannt werden - zu einem **Ganzen**."*[2]

Zudem entdeckte G. Cantor die Überabzählbarkeit der reellen Zahlen, das Kontinuumsproblem und untersuchte dabei hinsichtlich einer Lösung des Problems die reellen Zahlen unter völlig neuartigen Gesichtspunkten. Jedoch zeigte sich, dass man vorsichtig im Umgang sehr großer Gesamtheiten sein musst. Dadurch, dass er mit diesem Phänomen vertraut war, äußerte er sich hierzu in seinen Veröffentlichungen nur marginal.[3]

---

[1] Vgl. Deiser (2018), S. 13

[2] Tietze (2010), S. 1

[3] Deiser (2018), S. 13

Erst Ernst Zermelo, Cesare Burali-Forti und Bertrand Russell fanden um die Jahrhundertwende Widersprüche der uneingeschränkten Mengenbildung:[4]

Sie fanden dabei folgendes heraus:

„Zu jeder Eigenschaft existiert die Menge aller Objekte, auf die diese Eigenschaft zutrifft."[5]

Somit ist das sogenannte naive Komprehensionsprinzip nicht haltbar. Dabei riefen jedoch nicht die mathematischen Ideen Cantors, die er mit sicherer innerer Anschauung entwickelt hatte, die Unstimmigkeiten hervor, sondern verantwortlich hierfür war allein der unreflektierte Rahmen, in welchem die Mengenlehre damals stattfand. Daraus folgend hatte David Hilbert eine genauere Untersuchung der Grundlagen der Mathematik ins Leben gerufen.

Im Jahre 1908 löste E. Zermelo das Problem axiomatisch durch die Angabe eines Systems, welches sorgfältig die Existenz bestimmter Mengen und die Bildung von Mengen aus anderen Mengen beschreibt. Zudem wurde diese Axiomatik von E. Zermelo noch um zwei Axiome ergänzt, das Ersetzungsschema von A. Fraenkel (1922) und das Fundierungsaxiom von J. von Neumann (1925) und E. Zermelo (1930).
Darauf aufbauend wurde die verwendete Sprache präzisiert, in welche die Axiome formuliert werden und die den Begriff „Eigenschaft" einer Menge festlegen.
Das entstehende System aus Sprache und Axiomen, welche auch als die Zermelo-Fraenkel-Axiomatik (ZFC) bezeichnet wird, wird heute zumeist als Rahmen in der Mengenlehre verwendet. Dabei verschwinden die Widersprüche in diesem System in natürlicher Art und Weise, somit Leben alle Ideen Cantors darin in ihrer ursprünglichen Schönheit weiter fort.[6]

---

[4] Vgl. Deiser (2018), S. 13.

[5] Vgl. Deiser (2018), S. 13.

[6] Vgl. Deiser (2018), S. 13.

Des Weiteren zeigte sich, dass der neue Rahmen der axiomatischen Mengenlehre groß genug war, um alle Objekte der Mathematik—Zahlen aller Art, Funktionen, geometrische Gebilde usw. darin zu interpretieren, d. h. es existiert eine auf dem Mengenbegriff basierende Definition dieser Begriffe, welche alle erwünschten und in der Mathematik benötigten Eigenschaften der Objekte bereitstellt. Die Mengenlehre eignet sich damit als Grundlagendisziplin für die Mathematik selbst, sie ist in ihrer universellen Fähigkeit zur Interpretation mathematischer Konstrukte bislang konkurrenzlos.[7]

Zu guter Letzt lässt sich festhalten, dass die Mengenlehre Heute nicht nur Rahmen für die Mathematik, sondern selbst eine schillernde mathematische Theorie ist. Sie fasziniert nach wie vor durch ihrer ersten Konzepte und durch deren erstaunliche und anscheinend noch bei weitem nicht ausgelotete Reichweite und Tragfähigkeit. Die Verzweigungen der Mengenlehre sind vielfältig und subtil miteinander verwoben, sodass ihre Geschichte bis in die allerjüngste Zeit voll von Überraschungen und reich an dramatischen Entwicklungen ist.[8]

2.2 Fuzzy-Mengenlehre

Das Konzept bzw. der Baustein der Fuzzy-Mengenlehre (fuzzy set theory) oder auch die Theorie der unscharfen Mengen ist von dem Mathematiker Zadeh in seiner Basis bereits in den 60er Jahren entwickelt worden. Der Begriff "Fuzzy" ist ein englischer Begriff und kann im deutschen als "unscharf" übersetzt für die Fuzzy-Mengenlehre genutzt werden. Die Ideen von Zadeh wurden relativ rasch von einzelnen Logikern und Linguisten aufgenommen und zum Teil weiter entwickelt.

Auch wenn sich die Fuzzy-Mengenlehre schnell verbreitet hat, ist diese insgesamt betrachtet eher als ein Fremdkörper in der Mathematik und Informatik anzusehen.[9]

---

[7] Vgl. Deiser (2018), S. 14

[8] Vgl. Deiser (2018), S. 14

[9] Vgl. Klüver/Klüver/Schmidt, (2012) S.160, ff.

Die Fuzzy-Mengenlehre von Zadeh wurde vor allem von japanischen Ingenieuren aufgenommen, welche seit Beginn der achtziger Jahre des letzten Jahrhunderts die Ideen im Bereich der Steuerung von technischer Anlagen durch Fuzzy-Systeme unterstützen bzw. steuern. Dies nennt man entsprechend auch Fuzzy-Control. Mittlerweile werden Fuzzy-Methoden nicht nur in technischen Kontexten verwendet, sondern auch zur Optimierung von KI-Systemen wie zum Beispiel die Expertensysteme und die neuronalen Netze. Letzteres wird auch als „Neuro-Fuzzy-Methoden" bezeichnet.[10]

Abschliessend wird im folgenden die Grundidee der Fuzzy Mengenlehre (unscharfen Mengen) erläutert. Die Autoren des Buches Fuzzy-Mengenlehre und Fuzzy Logik definieren diese wie folgt:

Seit dem Begründer der klassischen Mengenlehre Georg Cantor werden Mengen definiert als „Zusammenfassungen wohl unterschiedener Objekte". Daraus ergibt sich insbesondere die Konsequenz, dass bei einer gegebenen Menge M ein Element x entweder eindeutig zur Menge M gehört oder nicht. Ein Objekt, das an uns vorbei fliegt, ist entweder ein Vogel oder nicht; falls nicht, ist es entweder ein Insekt oder nicht; falls nicht, ist es entweder ein Flugzeug oder nicht etc. Diese Konsequenz haben wir natürlich auch ständig stillschweigend unterstellt, wenn wir bei den verschiedenen Soft Computing Verfahren von „Mengen" gesprochen haben.
Klassische Kognitionstheorien vertraten generell die Ansicht, dass die wahrnehmbare Welt von uns in Hierarchien von Begriffen gegliedert ist, die sich sämtlich genau bzw. „scharf" voneinander unterscheiden lassen.

---

[10] Vgl. Klüver/Klüver/Schmidt, (2012) S.160, ff.

Entsprechend operiert ja auch die herkömmliche mathematische Logik mit genau unterschiedenen Wahrheitswerten, nämlich 0 und 1, falsch oder wahr (vgl. z. B. die binären Booleschen Funktionen). Allerdings ist diese Grundannahme aus philosophischer und kognitionstheoretischer Sicht häufig bezweifelt worden, da Menschen eben auch in „unscharfen" Begriffen wie „mehr oder weniger" denken und sprechen. Wir sind es ja auch im Alltag durchaus gewöhnt, dass Objekte nicht unbedingt in genau eine Kategorie passen. Ist ein Teilnehmer von „Wer wird Millionär", der 10 000 Euro gewonnen hat nun „reich" oder nicht? Er ist es „mehr oder weniger", da „Reichtum" wie viele unserer Alltagsbegriffe, vom jeweiligen Kontext abhängt. In einem Millionärsklub ist unser Gewinner „weniger reich", unter Verkäufern von Obdachlosenzeitungen sicher „mehr". Hier sind klassische Mengenlehre und Logik nur noch sehr bedingt anzuwenden. Erst die Erweiterung der klassischen Mengenlehre und Logik durch Zadeh gab die Möglichkeit, eine Mathematik des „Unscharfen" zu entwickeln.[11]

Zusammenfassend lässt sich festhalten, dass die Mengenlehre von der klassischen- bis hin aufbauend zur Fuzzy-Mengenlehre sich seit über 100 Jahren stetig weiter entwickelt hat und eine Brücke zwischen der Realität und der Formalisierung der Mathematik darstellt.

---

[11] Klüver/Klüver/Schmidt, (2012) S.160, ff.

3 Möglichkeiten der Fuzzy-Mengenlehre

In diesem Kapitel wird die Anwendung der Fuzzy-Mengenlehre beschrieben, dabei wird aufgezeigt, welche Möglichkeiten es gibt, bzw. welche Operationen in der Fuzzy-Mengenlehre Anwendung finden.

3.1 Basis für die Anwendung der Operationen

Innerhalb des Kapitel 3 wird auf die einzelnen Operationen bei der Ermittlung von unscharfen Mengen eingegangen. Aufgrund dessen werden im Vorfeld die verschiedenen Symbole kurz erörtert, welche in der Fuzzy-Mengenlehre genutzt werden.

Im Folgenden wird kompakt auf die verschiedenen Symbole, sowie ihre Bedeutung eingegangen:

Tabelle 1: Symbolverzeichnis der Mengenlehre[12]

Symbol	Bedeutung
$\{a, b, c\}$	Menge, bestehend aus den Elementen a, b, und c
$x \in M$	x ist Element der Menge M
$x \notin M$	x ist nicht Element von M
$\{x \in M / x$ hat Eigenschaft $E\}$	Menge derjenigen Elemente von M, die die Eigenschaft E haben
$A \subset B$	A ist Teilmenge von M
$A \not\subset B$	A ist nicht Teilmenge von M
$\emptyset$	Leere Menge
$\mathfrak{P}(M)$	Potenzmenge von M, d. h. Menge aller Teilmengen von M
$A \cup B$	Vereinigungsmenge von A und B
$A \cap B$	Schnittmenge von A und B
$\overline{A}$	Komplement von A
$\mathbb{N}$	Menge der natürlichen Zahlen
$\mathbb{N}_0$	Menge der natürlichen Zahlen einschließlich 0
$\mathbb{Z}$	Menge der ganzen Zahlen
$\mathbb{Q}$	Menge der rationalen Zahlen
$\mathbb{R}$	Menge der reellen Zahlen
$\mathbb{R}^+$	Menge der nicht-negativen reellen Zahlen
(a, b)	$\{x \in \mathbb{R} / a < x < b\}$
$[a, b]$	$\{x \in \mathbb{R} / a \leq x \leq b\}$
$(a, b]$	$\{x \in \mathbb{R} / a < x \leq b\}$
$[a, b)$	$\{x \in \mathbb{R} / a \leq x < b\}$
$|M|$	Anzahl der Elemente von M

---

[12] Bleymüller/ Weißbach, (2015), S. 5

Des Weiteren wird nachfolgenden ein Grundlagenwissen der Aussagenlogik beschrieben. Die Aussagenlogik beinhaltet mathematische Ausdrücke, in denen eine oder mehrere Variablen vorkommen. Sie enthalten unter anderem die Wahrheitswerte "wahr" oder "falsch", wenn allen vorkommenden Variablen einem Wert zugeordnet werden.[13]

Folgende Symbole finden in der Aussagenlogik Anwendung:

Tabelle 2: Aussagenlogik der Mengenlehre[14]

Symbol	Bedeutung
A	A ist eine Aussage, die *wahr* (w) oder *falsch* (f) sein kann.
$v(A)$	$v(A)$ wird als der Wahrheitswert der Aussage A bezeichnet; $v(A) = 1$ heißt, dass A *wahr* und $v(A) = 0$, dass A *falsch* ist.
$\neg A$	Die *Negation* $\neg A$ (bzw. $\bar{A}$) der Aussage A ist *wahr*, wenn A *falsch* ist, und *falsch*, wenn A *wahr* ist.
$A \wedge B$	Die *Konjunktion* $A \wedge B$ ist *wahr*, wenn beide Aussagen *wahr* sind, und *falsch*, wenn wenigstens eine der beiden Aussagen falsch ist.
$A \vee B$	Die *Disjunktion* $A \vee B$ ist *wahr*, wenn wenigstens eine der beiden Aussagen wahr ist, und *falsch*, wenn beide Aussagen falsch sind.
$A \Rightarrow B$	Die *Implikation* $A \Rightarrow B$ bedeutet: Wenn A wahr ist, dann ist auch B wahr. A wird als Voraussetzung (Prämisse), B als Folgerung (*Konklusion*) bezeichnet. $A \Rightarrow B$ ist *nur dann falsch*, wenn aus einer wahren Voraussetzung eine falsche Folgerung gezogen wird.
$A \Leftrightarrow B$	Die *Äquivalenz* $A \Leftrightarrow B$ bedeutet: Wenn A wahr ist, dann ist auch B wahr und umgekehrt. $A \Leftrightarrow B$ ist *nur dann falsch*, wenn eine der beiden Aussagen wahr und die andere falsch ist.
$\exists$	"Es gibt" (z. B.: $\exists x \in \mathbb{Q}: x^2 = 4$ heißt: Es gibt eine rationale Zahl x mit $x^2 = 4$).
$\forall$	"Für alle" (z. B.: $\forall x \in \mathbb{Q}: x^2 \geq 0$ heißt: Für alle rationalen Zahlen x gilt $x^2 \geq 0$).

Durch die oben beschriebenen Symbole (Tabelle 1), soll eine Basis geschaffen werden, um die Operationen innerhalb der Fuzzy-Mengenlehre besser deuten zu können. Des Weiteren stellt die Aussagenlogik (Tabelle 2) in Verbindung mit den im Vorfeld beschriebenen Symbolen das Grundgerüst der Mengenlehre dar.

---

[13] Vgl. Kemnitz/ Kemnitz, (2015), S. 11

[14] Bleymüller/ Weißbach, (2015), S. 5

<u>3.2 Operationen in der Fuzzy-Mengenlehre</u>

Wie im Kapitel 2 schon erwähnt lassen sich mit den unscharfen Mengen verschiedene Operationen durchführen. Das bedeutet, dass ebenso wie bei scharfen Mengen sich auch bei den unscharfen Mengen die einzelnen Elemente miteinander verknüpfen lassen. Während bei der ersteren nur festgelegt wird, welche Elemente der Eingangsmengen in der Ausgangsmenge enthalten sind, muss man bei den letzteren zusätzlich ihre Zugehörigkeitsgrade definieren.[15]

Somit lassen sich beispielsweise die Mengenoperationen Vereinigung, Durchschitt und Komplement, Potenz, kartesisches Produkt, etc. durchführen.[16]

In diesem Assignment werden kompakt die Operationen...

- Durchschnitt von unscharfen Mengen,
- Vereinigung von unscharfen Mengen,
- Komplement von unscharfen Mengen

...definiert.

Als Basis dienen, wie schon in Kapitel 3.1 erwähnt, verschiedene Symbole sowie die Aussagenlogik, welche bei der Beschreibung der Operationen nicht mehr näher beschrieben werden.

---

[15] Vgl. Meier (2011), S. 53

[16] Vgl. Rupprecht, (2014), S. 367

Bildung des Durchschnitt von unscharfen Mengen

Die Bildung des Durchschnitt, respektive die Schnittmenge C zweier klassischer Mengen A und B lässt sich durch die sogenannte UND-Verknüpfung bilden. Somit erfüllen die Elemente, welche der Durchschnittsmenge angehören zeitgleich die Prädikate der verknüpften Mengen.[17]

Als Formel betrachtet, lautet der Durchschnitt wie folgt:[18]

$$A \cap B =: C, \quad \mu_C(x) := \min(\mu_A(x), \mu_B(x))$$

$$\text{für alle } x \in X \text{ und } \min(a,b) := \begin{cases} a & (a \leq b) \\ b & (a > b) \end{cases}.$$

Bildung der Vereinigung von unscharfen Mengen

Die Vereinigung unscharfer Mengen wird Analog zum Durchschnitt definiert. Anstelle einer Minimumfunktion, tritt die Maximumfunktion ein.[19]

Als Formel betrachtet, lautet die Vereinigung wie folgt:[20]

$$A \cup B =: C, \quad \mu_C(x) := \max(\mu_A(x), \mu_B(x))$$

$$\text{für alle } x \in X \text{ und } \max(a,b) := \begin{cases} a & (a \geq b) \\ b & (a < b) \end{cases}.$$

---

[17] Vgl. Rupprecht, (2014), S. 367

[18] Vgl. Meier (2011), S. 53

[19] Vgl. Gernert (1997) o. S.

[20] Vgl. Meier (2011), S. 53

Bildung des Komplement von unscharfen Mengen

Die Funktion, welche als Fuzzy-Komplement genutzt werden soll, muss die Eigenschaften haben, sich am Rand bei 0 und 1 so zu verhalten wie das klassische Komplement. Zudem sollte die Funktion monoton fallend sein, da sonst ein größerer Eingabewert zu einem größeren Komplement führen würde, was wiederum der Vorstellung eines Komplementes widerspricht.

Kurzum: Das Komplement entspricht einer unscharfen Negation.

Als Formel betrachtet, lautet das Komplement wie folgt:[21]

$$\overline{A} =: C, \quad \mu_C(x) := 1 - \mu_A(x) \quad \text{für alle} \quad x \in X.$$

Innerhalb des Kapitel 3 konnte kompakt dargestellt werden, wie sich Operationen bei unscharfen Mengen verhalten, bzw. wie diese verknüpft werden können. Es wurde zudem auch beschrieben, dass gegenüber von scharfen Mengen bei dem lediglich festgelegt wird, welche Elemente der Eingangsmengen in der Ausgangsmenge enthalten sind und wie man bei unscharfen Mengen zusätzlich noch ihre Zugehörigkeitsgrade definiert.[22]

---

[21] Vgl. Meier (2011), S. 53

[22] Vgl. Meier (2011), S. 53

<u>4 Praktische Anwendung der Fuzzy-Mengenlehre</u>

Während in den vorherigen Seiten beschrieben werden konnte, wie sich unscharfe Mengen verknüpfen lassen, wird im letzten Abschnitt erörtert, welche bzw. wo der praktische Bezug in der Fuzzy-Mengenlehre Anwendung findet.

Seit Ende der 80er Jahre ist die Anzahl von industriellen Anwendungen der Fuzzy Logic bzw. der Fuzzy-Mengenlehre stetig gestiegen. Besonders stark konnte man den Aufstieg in Japan beobachten.[23]

Dieser Prozess wurde vor allem durch das im Rahmen des Projektes "Computer-der fünften Generation" vorangetrieben, welches von dem Life Institut (Laboratory for international Fuzzy Engineering Research) beschleunigt wurde.

Zu den Anwendungsgebieten gehören unter anderem:[24]

- Steuerung und Regelung
- Prozessüberwachung und -diagnose
- Mustererkennung
- Medizin und Psychologie
- Wirtschaftswissenschaften
- Mathematik[25]

Bei der Fuzzy-Mengenlehre geht es keineswegs darum Anwendungsbereiche zu erschliessen, dessen spezifische Problematik mit anderen Methoden nicht lösbar wären. Vielmehr geht es darum, dass der Einsatz von Methoden beispielsweise zu neuartigen Produkten führt, da sich die Produktentwicklung durch den Einsatz der Fuzzy-Mengenlehre vereinfacht und sich die Entwicklungszeit ebenfalls verkürzt.[26]

---

[23] Vgl. Bothe, (1995), S.1

[24] Vgl. Bothe, (1995), S.1

[25] Vgl. Bothe, (1995), S.1

[26] Vgl. Bothe, (1995), S.1

<u>5 Fazit</u>

Nachdem innerhalb dieser wissenschaftlichen Arbeit kompakt dargestellt wurde, was die Fuzzy-Mengenlehre ist, konnte darauf eingegangen werden in wie weit diese Theorie in der Praxis von Bedeutung ist.

Dabei wurde festgestellt, dass der Praxisbezug in der Fuzzy-Mengenlehre seit den 80er Jahren immer mehr in den Fokus gerückt ist. So ist die Theorie der unscharfen Mengen unter anderem in den Anwendungsbereichen Steuerung und Regelung, Mathematik, Wirtschaftswissenschaften sowie Prozessüberwachung und -diagnose, etc. fester Bestandteil geworden.[27]

Abschliessend betrachtet lässt sich feststellen, dass die Fuzzy-Mengenlehre sich in der heutigen Zeit kaum noch wegdenken lässt und in immer mehr Anwendungsbereichen wie sie auch schon im Kapitel 4 (Praktische Anwendung der Fuzzy-Mengenlehre) erwähnt wurde Einzug hält.

<u>5.1 Ausblick</u>

Die Fuzzy-Mengenlehre, welche sich aus der klassischen Mengenlehre entwickelt hat, findet aufgrund der rasanten technischen Entwicklung immer mehr an Bedeutung. So kann sie innerhalb der Robotertechnik dabei unterstützen verschiedene Aufgaben wahrzunehmen wie zum Beispiel einfach nur den Roboter "ein-" bzw. "auszuschalten" oder aber auch bei Heizungsanlagen feststellen, ob die Temperatur in einem Raum "heiß" oder "kalt" ist.

Daraus lässt sich wiederum ableiten, dass die Fuzzy-Mengenlehre in der gegenwärtigen und zukünftigen Zeit immer mehr an Bedeutung gewinnt, um einfache bis komplexere Funktionen automatisch zu steuern oder aber auch, um verschiedene Zustände einfach nur zu erkennen.

---

[27] Vgl. Bothe, (1995), S.1

Literaturverzeichnis

Bleymüller, J., Weißbach, R.; (2015); Vahlen; Statistische Formeln und Tabellen: Kompakt für Wirtschaftswissenschaftler; 13. Auflage; S. 5, 6

Bothe, H. H.; (1995); Springer-Verlag; Fuzzy Logic - Einführung in die Theorie und Anwendung; 2. Auflage; S. 1

Deiser, O.; (2018) Springer Verlag; Einführung in die Mengenlehre; 4. Auflage; S. 13,14

Gernert, D. (1997) Vortragsfolie: Technische Universität München; Fuzzy Logic; Im Internet: http://www.gerhardmueller.de/docs/FuzzyLogic/FuzzyLogic.html

Kemmnitz, F.; Kemnitz, A, Böge, W. (Hrsg.); (2015); Springer Vieweg; Handbuch Maschinenbau; Grundlagen und Anwendungen der Maschinenbautechnik- Technik; 22. Auflage; S. 11

Klüver, C., Klüver J., Schmidt, J.; (2012), Springer-Vieweg Verlag; Fuzzy-Mengenlehre und Fuzzy-Logik, S. 160, ff.

Meyer, S.; (2011); De Gruyter; Geometrie Stochastischer Signale: Grundlagen und Anwendungen in der Geodaten-Verarbeitung; Auflage 1; S. 53, ff.

Ruprecht W.; (2014); Springer Vieweg; Einführung in die Theorie der kognitiven Komminukation - Wie Sprache, Information, Energie, Internet, Gehirn und Geist zusammenhängen, S. 367, 368

Tietze, J. (2010); Vieweg + Teubner Verlag; Einführung in die angewandte Wirtschaftsmathematik - Das praxisnahe Lehrbuch - bewährt durch seine brilliante Darstellung; 15. Auflage, S. 1

BEI GRIN MACHT SICH IHR WISSEN BEZAHLT

- Wir veröffentlichen Ihre Hausarbeit,
  Bachelor- und Masterarbeit

- Ihr eigenes eBook und Buch -
  weltweit in allen wichtigen Shops

- Verdienen Sie an jedem Verkauf

Jetzt bei www.GRIN.com hochladen
und kostenlos publizieren